❷ 撰　稿：

张　迪　曲智楠　赵　薪
李禹萱　沈蓓蕾　曹　阳

❷ 插画绘制：

雨孩子　肖猷洪　兰　钊
郭　黎　陈　威

❷ 装帧设计：

高晓雨　陈　娇　刘　欣

主 编：蒙 曼

副主编：张 迪

了／不／起／的／中／华／文／明

你好，农业！

化学工业出版社

·北京·

图书在版编目（CIP）数据

了不起的中华文明. 你好、农业！/蒙曼主编；张迪副主编. 一北京：化学工业出版社，2022.1
ISBN 978-7-122-40262-2

Ⅰ.①了… Ⅱ.①蒙…②张… Ⅲ.①中华文化 – 少儿读物②农业科学 – 少儿读物 Ⅳ.① K203-49 ② S-49

中国版本图书馆 CIP 数据核字（2021）第 228860 号

了/不/起/的/中/华/文/明
LIAOBUQI DE ZHONGHUA WENMING

你好，农业！
NIHAO NONGYE

责任编辑：刘晓婷　　　　　　　　　　　　　　责任校对：张茜越
出版发行：化学工业出版社（北京市东城区青年湖南街13号　邮政编码 100011）
印　　装：北京尚唐印刷包装有限公司
889mm×1194mm　1/16　印张 3¾　2023年3月北京第1版第1次印刷
购书咨询：010-64518888　　　售后服务：010-64518899
网　　址：http://www.cip.com.cn
凡购买本书，如有缺损质量问题，本社销售中心负责调换。

定　　价：35.00元　　　　　　　　　　　　　　版权所有　违者必究

让中华文化亲切可爱

中华文明的悠久不须讲，上下五千年；中华文明的影响不须讲，从古代到如今；中华文明的传播范围不须讲，从中国到海外。

但现在的小朋友对中华文明的理解有多深呢？

很多家长担心孩子古典文化方面缺失，便找来《三字经》《百家姓》《弟子规》一类蒙学读物来读，或者给孩子报名一些国学班，希望孩子能够加强传统文化的修养。这样做当然也没错，但是却有一个巨大的问题——不成系统。孩子们东鳞西爪地学了好多碎片化的知识，却并不知道它们彼此之间的关系，这正是我们这套书想要解决的问题。

《了不起的中华文明》系列，全套共三十本，计划分三季推出。这三十本分册，每一本都是一个文化扩展点，每本书中，都涉及一个广泛深奥的知识领域。

这套书带给孩子的，是好玩儿好读的古典文化，不枯燥、不背诵、不说教，像长辈胡子里的故事一样，耐心地慢慢走进小朋友心里。

这三十本书里有的，不只是《三字经》等蒙学经典，也不只是《西游记》等名著故事，更不只是《唐诗三百首》等诵读篇目，而是娓娓道来的从古至今：天文、历法、节气、节日、文学、艺术、神话、姓名、棋牌、戏曲、皇权、器物、手艺、丝绸、建筑、园林……是的，你可以看到，我们打开的是一个立体浑圆的文明世界，就像一个星球，不只是一个闪光的亮点，它是立体的，有核心，有实体，有高山，有海洋，有大气，有光芒。

这套书所做的，绝不仅仅是将内容塞给孩子，而是包含着大量思考后的引导。就让思考和质疑成为孩子阅读习惯的一部分吧！

　　对中华文明的敬畏，是我编撰这套丛书的初衷。

　　当然，还有更多的考量：

　　我从来不愿讲大道理，尤其是跟孩子讲大道理。可道理总是存在的。不讲大道理，怎么讲道理？把正确的事儿，用好玩儿的语言讲出来，讲得别人愿意听，还愿意接受，这就是会讲道理。

　　我认为最好的作品，不靠浮华美丽的词语吸引眼球，而是用平实的内容沁人心脾。

　　我不认为传统文化中的一切都是精华，我甚至很反对其中的一些观点，但同时我也确信，传统文化中有很多正义的、醉人的、美丽的东西，是需要小朋友了解，并可以使他们受益终身的。

　　所以在这套书中，我力求做到的是让小朋友阅读之后，哪怕是最抽象的内容，也能喜欢去读，读过还能够理解，并有意识做出判断，在日后的成长中，会主动思考问题，修正自己的行为。

目录

精耕细作

导　言

　　小朋友，你一定知道《悯农》这首诗吧？"锄禾日当午，汗滴禾下土。谁知盘中餐，粒粒皆辛苦。"诗里面农民伯伯的形象是不是很让人心疼呢？

　　农民伯伯虽然辛苦，但从古至今，他们的工作都很让人尊敬。我国古代历来主张以农为本，还按重要性把职业划分为士（学者）、农、工、商四类，简称"四民"。在这个排序里，农民地位仅次于官宦读书人，就连医生、手工业者的地位都在农民之下。

　　中国农业起源时间至少可以追溯到七八千年以前。农耕文明哺育、塑造了中华文明，传说中的中华上古帝王大多有组织农业生产、推广农业技术的经历。周代始祖名字叫作"弃"，据《史记·周本纪》记载，因为弃耕田非常厉害，帝尧把他推举为"农师"，帝舜封他为"后稷"，这是我国历史上有记载的第一位农官。自那以后，掌管农业的官职便叫作"稷"，到了夏朝，便由弃的后人世袭担任这一官职。

　　我们国家虽然地大物博，但并不是所有的土地都适合耕种，用占世界百分之七的耕地养活全世界百分之二十二的人口，这是我国最伟大的成就之一。因为耕地少，古人们不得不选择精耕细作，努力用有限的土地生产出更多的粮食，由此，才逐渐建立起自给自足的小农经济制度。特有的农情，促使中华民族慢慢形成了勤劳俭朴、自强不息的性格特点。

　　了解古代农业，你会发现现在的生活里到处都有农业的印记，比如我们将努力工作称为"耕耘"，气象周期参照的是曾经指导农业生产的二十四节气，祝福国家繁荣说"风调雨顺"，祝福每家每户生活幸福说"六畜兴旺"。只有了解了古代农业，才能明白中国人对幸福生活的期盼，才能深切地感受到千百年前，我们的祖先是怎样在这片土地上繁衍生息的。

査干湖冬捕

天和地养育了人们

上古时期，人们的食物主要来自打猎和果实采集，但无论怎么忙碌都经常填不饱肚子。据陆贾（gǔ）《新语》记载，神农认为光靠打猎和采集是不行的，于是到处找能吃的东西，尝遍百草，在知道了哪些能吃、哪些不能吃、都是什么味道之后，开始教化人们种植五谷。

甲骨文农

🔈 能吃上大米的原始人

甲骨文的农字，好像一个人手持工具在砍伐草木。因为那时山野间杂草丛生，林木遍布，耕种的第一步只能砍树除草开荒。

考古发现我国最早的农业生产出现在大约一万年前，是旧石器时代向新石器时代的过渡期，当时的农作物主要有两种：稻，即大米，产自南方；粟，即小米，产自北方。

当时，南方普遍使用的农具叫"耜"（sì），用于平田，像木锹；北方的叫"耒"（lěi）；用来点种，形状像木叉。大石犁半米多长，很重，没有牛，只能好多人一起拉，特别艰苦。

🔈 土豆、玉米古人吃过吗？

世界很大，每个地区出产的物种都不同。中国古代农作物很单调，就那么几种，从夏商周直到元代末期基本稳定，只以五谷为主。

明代，玉米、薯类等大量美洲作物传入中国，极大丰富了我国粮食种类，要不然直到今天我们也吃不上土豆和玉米。

蒙古族牧羊

📚 其他形式的农业

除了种植庄稼，广义的农业还有多种形式。

有游牧业。世代居住在我国北方的蒙古族，浓缩了历代少数民族的游牧文化，成为集大成者，主要靠放牧马、牛、羊、骆驼等为生，辅以狩猎采集，需要逐水草迁移。

有渔业。查干湖冬捕（或称渔猎），在我国北方最有代表性。《辽史·营卫志》中记载：辽帝喜欢吃"冰鱼"，每年冬季都派人在查干湖捕鱼。他们先把脚下冻得坚实的冰刮薄，能看见有大鱼在冰下游动，再凿冰捕捞。

有果树种植业。南宋韩彦直写了中国历史上第一本种植柑橘的专著《橘录》，

分为上、中、下三卷，记述了柑橘的分类、品种名称、性状及栽培技术，至今仍在应用。

还有多产业结合形式。明清时期，太湖和珠三角一带发展起"桑基鱼塘"。这种生产方式非常科学：人们开塘养鱼，开塘的泥土筑成塘基，在上面种桑树，塘泥因为有了鱼的便便，所以非常肥沃，可以滋养桑树，桑叶养蚕，蚕的便便喂鱼，如此循环利用，是当代立体农业的雏形。

橘园

桑基鱼塘

农业与二十四节气

"春雨惊春清谷天，夏满芒夏暑相连。秋处露秋寒霜降，冬雪雪冬小大寒。每月两节不变更，最多相差一两天。"

为了方便记忆我国历法中的二十四节气，古人把它编成歌谣，流传至今有多种版本。

二十四节气是古人认识"时"、掌握"时"、利用"时"的智慧结晶，就像如今的气象预报，遵循它能有效地指导农业生产。

形成时间和地点

二十四节气是我国古人在漫长的生产实践中，基于对天文、气候和农业生产的丰富经验，慢慢加工、提炼、总结而成的。

先秦时期，古人已经总结出四个主要节气：夏至、冬至、春分、秋分。成书于西汉的《淮南子》中首次记载了完整的二十四节气。

二十四节气形成的地点是黄河中下游地区，那里长时间都是我国政治、经济和文化中心。节气的确定，对这一地区的农业生产起到了重要促进作用。

除了指导农业生产，哪些节气还指导了我们的生活？

雨生百谷

二十四节气怎样指导农业生产？

二十四节气包含温度、降水、湿度等内容，其中大多数都是直接对农事活动的提示。

立春、立夏、立秋、立冬的"立"字，是开始的意思，务农最讲究不误农时，"四立"正好提示人们季节更替，不同季节的农事活动要做好前期准备啦！

惊蛰指的是天气回暖，大地解冻，可以开始春耕了。

谷雨提示降雨明显增加，此时如果秧苗初插、作物新种，雨水正好促进农作物生长发育，所以有"雨生百谷"之说。

小满指的是草木茂盛，夏熟谷物籽粒开始饱满，但还不成熟，所以叫小满。

芒是指有芒的作物，种指种子，芒种节气正好是大麦、小麦等有芒作物成熟的季节，需及时夏收夏种，是一年中农事最忙的时节，所以也叫"亡种"。

二十四节气不能生搬硬套

我们国家国土面积广大，不同地域气候条件也不相同，对二十四节气的利用要结合当地经验，而不是生搬硬套。以冬小麦为例，北京是秋分播种芒种收获，郑州是寒露播种芒种收获，南昌变成立冬播种小满收获，广州则是大雪播种立夏收获。对二十四节气的灵活应用同样显示出了古人的智慧。

瑞雪兆丰年

气象经验

古人把自然界气候变化的时序性叫"时"，从原始人开始播种、有了原始农业那时起，人们就开始了对"天时"的观察和研究。

把坏天气当作对人类的惩罚

《尚书》中记载，夏商时期把气象分为五种，认为雨（降雨量）、旸（yáng，日照）、燠（yù，热）、寒（冷）、风（大气流动）按照一定时序消长，认为天气好坏是上天对人类善恶的奖惩。

春秋时期，人们把气象因素概括成六气：阴、阳、风、雨、晦、明，并按气候变化的时序性开始制定历法和节气。

对云的观察从上古时期就开始了，《诗经》里很多诗句把云和降雨联系起来，战国时已积累了相当多的知识。据《吕氏春秋》记载，旗帜状云会带来雷阵雨，像一群马打架的云会带来强对流天气，上黄下白的彗星状云是天气变坏的征兆。

出门看天时

建立全国雨情情报网

秦汉至魏晋南北朝时期，农业气象学进步较大，东汉末年出现了这方面的大思想家——王充。

当时历代政府都很重视收集雨情，从秦代《田律》到汉代相关法令，都规定从春耕开始的整个农作物生长期内，各地都要向中央政府报告降雨情况。

汉代对云的观察继续发展，《史记》里记载了七种不同的云，此外，还记载了世界上最早的测湿仪。

王充否定了天气好坏是上天对人类善恶奖惩的观点，提出"天道自然"，对云雨雷电等的成因提出了较为科学的解释。

积雨云（Cb）

农业气象预报的出现

隋唐宋元时期，气象预报已经包含了风向风力、湿度、测雨雪等方面。

唐代李淳风《乙巳占》里的占风图，举例说明了怎样判断风向。同时唐代还有了测风向的仪器相风乌和羽占（用羽毛制作的风向仪）。

宋代把测湿仪应用于天气预报，到了元末，人们观云测雨的经验愈加丰富。元末明初《田家五行》还记载了古人观察琴弦预报天气的方法：干洁弦线突然变松，是因为琴床潮湿，预示天将阴雨。

西方气象思想传入

明初设立钦天监，开始有计划地进行气象观测，有组织、规范化、体系化的气象观测活动逐渐形成。

明清时期官方气象档案数量、内容质量达到中国古代气象档案史上的高峰。西方传教士带来新的气象理论和思想，并对一些气象现象作出科学解释，推动了中国气象思想革新。

天气谚语

民间流行许多天气谚语，这些谚语是人们经过长期的观察和实践总结出来的，朗朗上口，精短又好记。比如：

日晕三更雨，月晕午时风。

燕子低飞天将雨。

早雾晴，晚雾阴。

天有铁砧（zhēn）云，地上雨淋淋。

朝霞不出门，晚霞行千里。

空中鱼鳞天，不雨也风颠。

日落西风住，不住刮倒树。

云的分类

层云（St）
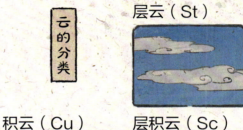

积云（Cu）

层积云（Sc）

高积云（Ac）
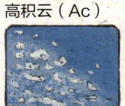

卷积云（Cc）

高层云（As）

卷层云（Cs）

雨层云（Ns）

卷云（Ci）

古时候的气候

我国古代中原地区是有大象的。《吕氏春秋》中记载，商朝人驯化大象用于征服东夷，周灭商后，一路将商朝战象部队驱赶到南方；《孟子·滕文公下》中记载，周公当年驱赶的商朝"猛兽军团"里有大象；《韩非子》《战国策》都提到"死象之骨"和"白骨疑象"。位于中国中部的河南省（约北纬31度到36度之间）的简称是"豫"，《说文解字》解释豫字，是象之大者。

可现在中原地区为什么没有大象了呢？

重要原因之一就是气候变化，古代黄河流域温暖湿润，遍地森林，水草丰美，后来气温降低、降水减少，大象无法继续在这里生活，只能南迁。

历史上每隔三四百年，就有一次明显的冷暖交替变化，反映在农业上，就是畜牧和农耕交错地带的相互消长。

☙ 黄河流域曾是鱼米之乡

秦汉时期，黄河流域（约北纬 32 度到 42 度之间）不像今天这样沙尘漫天、黄土裸露、水源短缺，那里当时是我国农耕中心区，孕育了灿烂的古代文明。

汉武帝改造上林苑，把南方植物移进长安（今陕西西安一带，约北纬 34 度，关中平原中部），这在现在是不可想象的，

证明当时中原气候非常温和。

孔子说"食夫稻，衣夫锦"，《汉书》中说"强弩之末，势不能穿鲁缟（gǎo）"。锦、缟都是丝织品，可见当时山东一带桑蚕业发展繁盛。当时南方发展桑蚕得请北方蚕农指导。

☙ 农业中心逐渐南移

三国、魏晋、南北朝三百多年间，北方草原日渐萎缩，南下的少数民族政权不得不放弃游牧，接受汉族的农耕文化。北魏农书《齐民要术》记载了北魏改农为牧不成，只得转而发展农业，从而大获成功的事情。

同时，气候难以逆转地逐渐干燥，以畜牧业为生的民族多次南下，慢慢地和汉族同化了，中国的农业中心，逐渐转到长江流域及以南。

人们逐渐适应着气候的变化，动植物引种布局也逐渐改变和适应。喜温动植物逐渐南移，蚕桑生产从黄河流域过渡到长江流域。太湖流域经过宋朝三百年低温，水稻品种逐渐改为耐寒的粳（jīng）稻，籼（xiān）稻退至北纬 29 度以南。柑橘、茶树等温度敏感作物，也向江浙以南推延。

古代粮食作物有哪些

　　中国古代从商、周直到明代前期，粮食作物品种大体稳定，统称"五谷"（《礼记·月令》《汉书·食货志》）或者"九谷"（《周礼·天官·大宰》）。"五谷"是麻（或稻）、黍、稷、麦、菽；"九谷"依东汉经学家郑众的说法是黍、稷、秫（shú，高粱）、稻、麻、大小豆、大小麦，都是当时比较常见的粮食作物。

　　明朝后期，美洲的玉米、马铃薯等作物开始传入，我国逐渐形成了和现在基本相似的粮食结构。

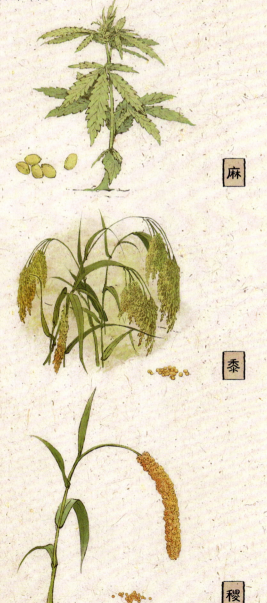

麻

黍

稷

麻

　　麻是我国古老的农作物之一，麻籽状如芝麻，可以吃，但似乎不太好吃，后来主要用于榨油。随着历史发展，麻逐渐从粮食领域退出。麻的枝叶经过沤（òu）制后，其纤维可以制成麻绳、麻布、麻纸等。

黍和稷

　　黍是今天的黄米。

　　稷在古书上指过三种谷物：《尔雅·释草》里说是小米；《本草纲目》中说是一种不黏的黍；清朝人王念孙说是高粱。我们暂且取小米这种解释。古人认为稷是百谷之长，古代社会以农业为先，"社稷"一词与农业直接相关，是"国家"一词的另一种说法。

　　黍和稷都是中国北方最早出现的农作物，《诗经》中常将二者连称，甲骨文中提"黍"字最多，商代占卜多有"求黍"及"求黍年"等字。这两种作物是商代主要作物。

　　因为单位产量低，随着人口增加和耕地条件改变，到战国时，黍、稷地位开始下降，之后几千年，种植量更是大为减少，今天早已不是主要的粮食作物。

☯ 麦

　　甘肃曾发现距今约五千年的炭化小麦颗粒。黄河下游曾出土距今约四千年的小麦标本。商代起已有食麦的习俗，《礼记·月令》中记载："孟春之月，食麦与羊。"

　　战国时，小麦种植区域火速扩大，种植技术也有所提高；汉代（1世纪前后）小麦的亩产量是13世纪英国小麦亩产量的三倍；魏晋南北朝时全国已经大量种植小麦。

　　唐代，小麦收割技术和加工储藏技术快速发展。

　　宋元年间，小麦收割效率比唐以前又高十倍。

　　明初由于小麦普及种植，农业税收超过宋元两倍多。明朝中后期，北方形成"二年三熟"轮作制，加之南方的"稻麦复种一年两熟制"，产量又大幅提高。

☯ 菽

　　菽是大豆，我国特产，黑龙江曾发现过四千年前的大豆标本。

　　《管子》中说，齐桓公北伐山戎，得此作物，然后传播到了全天下。

　　湖南出土汉代竹简《美食方》中记载了"菽酱汁"，就是酱油，由大豆做成。

　　1873年，中国大豆在维也纳万国博览会展出，轰动一时，之后开始在欧美各国大量种植。

☯ 稻

　　先秦时，《周礼·天官·膳夫》中说粮食的第一种是稌（tú），就是稻。西周铜盦（ān）铭文中说："用盛稻粱。"《论语·阳货》记孔子的话说："食夫稻，衣夫锦。"可见当时稻已经是很常见的粮食了。

　　随着水稻栽培技术的改进，它逐渐成为我国最重要的粮食作物之一。

　　汉代江南已广泛种植水稻。晋代出现九月收的早稻，宋代《岭外代答》说钦州有"正二月种""四五月收"的早稻，为双季稻种植创造了条件。明初《农田余话》有把双季稻种在麦田里实现一年三熟（麦、早稻、晚稻）的记载。三熟稻记载最早见于明六《五杂俎》。

古代经济作物有哪些

中国很早就开始对各种经济作物进行培植。经济作物是指那些有着地域特点，可以通过商品交易给种植它们的人带来可观经济收益的作物。比如热带的水果、对生长环境十分挑剔的药材、茶叶、调味品等，大概可以分为糖料作物、药用作物、油料作物，以及制衣、造纸用的纤维作物，和以茶叶为代表的饮料作物等。稻米等粮食作物让人吃饱肚子，经济作物丰富了人们的食物，繁荣了生活，带来了财富，提高了文明，促进了社会的发展。

☾ 笋

英国著名科学史家贝尔纳说，中国是竹子文明的国度。

中国人在六七千年前就开始用竹子盖房子，五千年前用竹子制作篓、箩等器物，三千年前开始人工栽培竹子。

《诗经》时代，人们开始吃竹笋；晋代《竹谱》介绍过七十种竹子及不同竹笋的风味；宋代《笋谱》记载了八十多种竹笋。苏东坡曾说从吃到用，自己一天也离不开竹子。

☾ 橘

橘是南方果品，在战国、秦、汉时被人所知，不过当时北方人不容易吃到橘。屈原曾在诗里赞颂橘是天地间的佳树，生来就适应当地水土。《韩非子》里说橘吃起来甜，闻起来香。

东汉末年曹植在《橘赋》中说橘树从南方万里远的地方移植到铜雀台（位于今河北省邯郸市临漳县，地处华北）所在的庭院，可见当时河北南部已开始种橘了。

☾ 荔枝

荔枝是南方水果，《三辅黄图》里记载汉武帝破南越后，长安上林苑中迎来了荔枝树。杨贵妃嗜食荔枝，唐玄宗曾用专人将新鲜摘下的荔枝从南方运到长安。宋代《清异录》中誉荔枝为"压枝天子"。

荔枝原产于中国，种植历史已有几千年。17世纪末传入缅甸，后又传入印度。中国商人和移民将荔枝推广到全世界，现在在部分美洲、非洲和整个亚洲得到广泛种植。

现在福州西禅寺有棵树龄一千三百年的唐荔，莆田"宋香"古荔树龄也在千年以上。

棉花

棉花原产印度和阿拉伯，直到宋、元才开始发展，明代才得以普及。在这之前，中国人普遍穿麻布衣服，少数人穿丝织品制成的衣服，冬天穿皮毛衣服，填充被褥用的一般是木棉。木棉是红色的，也叫"红棉"，虽然也有蓬松的絮，但不太保暖。古代甚至还出现过纸衣，用结实的麻纸制成衣服避风寒，听起来就不太舒适。

最早也没有"棉"这个字，只有"绵"。《宋书》里首次出现"棉"字。

桑树和蚕

不知什么时候，人们发现了吃桑叶的蚕吐丝结茧，那些蚕丝可以为人所用，从那时起，人们的生活便与蚕桑密不可分。中国人种桑养蚕的历史非常久远，殷商时期的甲骨文中就有了蚕、桑等字。蚕丝制品非常轻柔，但价格昂贵，是统治阶级和富有阶层的专属。

茶树

茶叶是茶树的嫩叶，茶水是世界三大天然饮料之一。我国是世界上最早发现、栽培、利用茶的国家。

茶叶早先是用来入馔的，人们把茶叶和其他食材放到一起，煮成粥、汤一类的食物来吃。直到两晋南北朝时，少部分人才开始将茶当作饮料。到了唐代，"茶道"盛行，产茶区遍及15个省，制茶、采茶工匠出现，陆羽《茶经》问世。

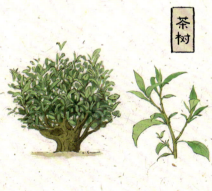

楮树

楮（chǔ）树古籍中也叫"榖（gǔ）树"，最早见于《诗经》，北魏贾思勰（xié）的《齐民要术》里有关于楮树栽培的记载。

南北朝出现楮树皮造纸，当时志怪小说集《幽明录》里有个故事，刘晨、阮肇进天台山取楮树皮，遇仙女，半年后下山回乡时发现自己的七世孙已经成人了。

楮纸从唐代开始受欢迎，宋代成为纸币指定用纸。

《本草纲目》中记载，楮树的叶、枝、茎、果、黏液都可入药。

驯养禽畜，那些人类的好伙伴

禽、兽两个字据《尔雅·释鸟》解释，两只脚长羽的是禽，四只脚长毛的是兽。《孔子家语》中说卵生是禽，胎生是兽。家禽指鸡、鸭、鹅等，家畜指犬、猪、羊等。中国是最早饲养家禽家畜的国家之一。

六畜

马、牛、羊、鸡、犬、猪。

五牲

牛、羊、猪、犬、鸡。

鸡

家鸡由野生原鸡驯化而来，人们为了更加方便地取蛋、取毛、食用，将野生原鸡圈养起来，这一时期大概是公元前1400年，也因为鸡比较好驯养和繁殖，很早就被列为"六畜"之一。

除食用肉蛋，古代的鸡还有别的作用。《周礼》记载了一个有趣的官职，叫"鸡人"，职责之一就是每天报时。

春秋战国时养鸡很普遍。吴王夫差曾在越国设置大型养鸡场。《左传》里面记载，鲁国季平子和郈（hòu）昭伯斗鸡，季平子在鸡翅上涂芥末作弊，郈昭伯在鸡爪上装铜钩报复，两人都不讲武德，最后闹到影响了朝局走向。

六畜兴旺

成语，出自《管子》，意思是家养的牲畜、禽类都繁衍兴旺，指家庭富裕、兴盛。

传说汉代有位养鸡能手名叫祝鸡翁，因善养鸡而发财，因为那时养鸡业兴盛，从相关的文学作品就能看出来，比如大才子曹植就有一篇《斗鸡诗》。

鸡的品种有很多，比如大诗人杜甫养过乌骨鸡，这种鸡骨肉都是黑的，但羽毛洁白如雪；还有一种出产在沿海昌国（舟山群岛）的长鸣鸡，专供报时之用，传到日本也叫"昌国鸡"；还有清康熙末年传入日本的江南矮鸡，现已发展成有名的观赏品种。

此外还有曾经的宫廷贡品北京油鸡以及19世纪经英、美各国引种培育后闻名于世的九斤黄、狼山鸡等。

◕ 鸭

两千多年前古人就开始驯化野鸭。

"落霞与孤鹜（wù）齐飞"中的"鹜"就是鸭。《尔雅·释鸟》郭璞注："野曰凫（fú），家曰鹜。"据《吴地记》记载，春秋时期吴王筑了个鸭城，其实就是规模很大的养鸭场。唐代《云仙杂记》中记载，桂林有人养鸭万余只，每次喂食需五石米，掉落的鸭毛把水中的小块陆地都铺满了。

著名的北京鸭是明代开始流行的品种，当时在北京近郊上林苑中育养种鸭两千多只，仔鸭不计其数，专供宫廷所需。后传至民间，北京烤鸭随之诞生。再后来，北京鸭作为赫赫有名的中国鸭品种传遍全世界。

◕ 鹅

鹅由大雁驯化而来，成为家禽的时间比鸭晚。《尔雅·释鸟》郭璞注："野曰雁，家曰鹅。"

鹅有灰白两种，晋代沈充《鹅赋序》记载的大苍鹅又高又壮，叫声很大，长得比白鹅和今天的狮头鹅都大。

白鹅游水姿态优雅，常用于观赏，东晋王羲之特别喜欢白鹅。东晋葛洪《肘后备急方》中记载，养白鹅、白鸭可避毒虫。

唐代岭南一带有大型鹅，被用来做鹅绒被；皇室贵族还养斗鹅取乐。

明代上林苑养的鹅比鸭多三倍，每年还从各省大量进贡鹅。

狗

狼

◕ 狗

据 DNA（脱氧核糖核酸）研究，世界上最早的狗由距今一万五千年前东亚的灰狼驯化而来，考古发现中国最早的狗距今约一万年。

殷周时，古人除了吃狗肉、将狗用作猎犬，还残忍地将狗用于殉葬和祭祀，一次最多竟达二百只。

《汉书》中记载，刘邦入秦时，因为喜欢秦宫室里的"狗马重宝妇女"而想要住下来。这里的"狗马"，应该指的就是走狗、飞鹰、跑马等游猎之物，秦代宫室里剩下的猎犬一定品种优良，才会让刘邦那么喜爱。

国人喜欢养狗当宠物，还繁育出了著名的犬种"宫廷狮子狗"。这种宠物狗从秦到清，一直在宫廷中饲养，品种得以延续；现在人们常说的"北京犬""京巴犬"就是这种宠物犬。

豕形青铜尊　家猪　野猪

⚋ 猪

　　猪，古称"豕（shǐ）""彘（zhì）"，由野猪驯化而来，我国养猪历史极其悠久，是世界上最早将野猪驯化为家猪的国家之一。甲骨文中有豕的象形字，特别像一头胖猪，《说文》解释"豕居之圈曰家"，可见猪与人们的生活关系密切。

　　我国出土了一座商代的豕形青铜尊，是一头活灵活现的野猪模样，身上还有古老的兽面纹和鳞甲纹，背上有盖，盖上装饰有华冠立鸟。有考古学者认为这是一件青铜礼器，可能跟原始祭祀有关。

　　《诗经》中很多诗歌提到了猪，"执豕于牢，酌之用匏（páo）"，意思是从圈里捉猪宰杀，用葫芦杯盛满美酒；"言私其豵（zōng），献豜（jiān）于公"，意思是自己留下小猪，大猪献给公家。

　　我国繁育的猪品种优良，早在约2000年前，就被西方引入改良他们的猪种，育成罗马猪。达尔文曾称赞："中国的猪种在改良欧洲品种中，具有很高的价值。"

⚋ 羊

　　十二生肖里的羊究竟是山羊还是绵羊呢？

　　中国人养羊的历史可追溯到五千多年前，据考证，绵羊可能由盘羊驯化而来，主要分布在北方；山羊由野山羊驯化而来，主要分布在南方。

　　甲骨文中有羊字，但没有绵羊、山羊的区分，直到春秋前后，二者在文字上才有所区别。《尔雅》郭璞注说，羊指绵羊，夏羊才指山羊。

绵羊　山羊

山东出土的汉代画像石上有一幅鱼羊图，左侧是鱼，右侧是绵羊头。鱼羊合在一起形成"鲜"字。可见在古代人心目中，羊肉的美味确实不同寻常。

十二生肖的起源和原始动物崇拜有关，羊在生肖中具备中国古代文化中的温柔、谦和，是君子形象。古人视羊为"德畜"，从性格上来说，绵羊虽然长着角但温顺不好斗，似乎更接近这个形象，所以十二生肖中的羊应该是绵羊。

黄牛

水牛

🐂 牛

在距今7000~5000年的仰韶文化遗址中，人们发现了少量饲养黄牛的遗迹。之后的龙山文化遗迹（距今5000~4000年）中，则发现水牛也被驯化了。后来，人们用牛的肩胛骨做铲子、刻字，牛的生命血肉与人密不可分。

牛在远古时代被用作"牺牲"——专门为祭祀而宰杀的牲畜，后来"牺牲"一词引申为为正义事业舍弃生命，或放弃了利益。"三牺"一词指三只祭祀用的纯色的牛。所以"牺牲"这两个字都有"牛"字旁是有来历的。商代的卜辞中记载，一次祭祀用一百头牛很常见，

在个别大型祭祀仪式上，人们宰牛可达"五百牢""千牛"，数量比羊和猪要多，说明那时畜牧业已经极具规模。

牛脾气温和，任劳任怨，力气又大，所以人们主要饲养牛来代步、载物、耕田、拉车，那时的牛就相当于现在的拖拉机、小货车。

因为牛是重要的生产资料，古人轻易不杀牛来吃，还有法律保护耕牛，牛肉是连皇帝都吃不到的肉。那么牛奶呢？人类饮用牛奶的习惯是慢慢建立起来的，古时候主要在草原地区各族人民当中比较普遍，中原地区相对较少。

自古以来，马、驴、骡、驼这些大型牲畜就是人类的好帮手，古人创造的农耕文明灿烂辉煌，其中也有它们的功劳。

🐎 马

早在三皇五帝时期，中国人已经开始依靠牛、马驮重物去远方。

夏、商、周时期，不同等级的人可以拥有不同档次的马匹。春秋时著名相马师伯乐曾推荐给楚王一匹又瘦又虚弱的马，好好养育后，马变得精壮神骏，立下不少功劳，伯乐的《相马经》奠定了中国相畜学基础。

秦汉时养马主要是为军事目的，汉武帝为了得到宝马，派使臣远赴西域，甚至不惜发动战争。一代一代，马作为战马和坐骑，被中国古人所重视。

古代作为坐骑的马，等于今天的豪华轿车，一般平民只能步行、骑驴、乘牛车，因为马饲料精细，养匹马在平民家庭是不太容易的事情。

养马业繁荣促使马文化兴盛，古代不同的马有不同的专属称谓。比如：

骝（liú），指黑鬣（liè）黑尾的红马。

骆（luò），指黑鬣黑尾的白马。

骓（zhuī），指毛色青白相杂的马。

骐（qí），指青黑色的马。

骥（jì），指好马，千里马。

骒（kè），指母马。

驹（jū），指小马。

乌骓，秦末西楚霸王项羽的坐骑就是乌骓马。

的卢，小说中刘备的坐骑是的卢马。

赤兔，传说赤兔马是一等一的宝马，小说里吕布被奸臣用一匹赤兔马收买，后来曹操又将这匹马赠给关羽，随关羽立下汗马功劳。

汗马，指马匹奔走出的汗。意思是军功，现在也指人们作出的贡献，常说"汗马之劳""汗马功劳"。

驯马

各色马匹

驴

骡

驴与骡

驴和骡是我国古代重要的役用牲畜。

驴的体型偏小，吃苦耐劳又不易得病，是我国驯化较早的牲畜，约四五千年前的原始社会时，我国北方少数民族便开始饲养驴、骡，殷商时发展到黄河中下游。到东汉时，《后汉书》记载当时家贫之户也有驴了。三国时不少文人名士都很崇尚养驴，"建安七子"之一王粲（càn）就是养驴爱好者。

骡是马和驴杂交的后代，骡一般不能繁殖，几乎没有后代，但生命力和抗病力强，结实有耐力，役用价值比马和驴都高。

春秋战国时，《吕氏春秋》记载赵国赵简子特别喜欢他的两头白色骡子。汉初《新语》里把驴、骡和琥珀、珠玉并列，当作珍贵物种。当时长江流域、东南沿海也开始饲养驴、骡。

宋代名画《清明上河图》里就绘着汴京城里那许多驴、骡繁忙运输的景象。

骆驼

骆驼背上有高高的驼峰，里面储存大量脂肪，必要时能分解产生水和能量，在没有水和食物的沙漠里，能够连续好多天不吃不喝。它的力气又很大，有很好的运载能力。所以在原始社会，生活在我国西北沙漠干旱地区的人，很早就把野生骆驼作为"奇畜"豢（huàn）养。

骆驼分单峰驼和双峰驼，单峰驼生活在热带沙漠，双峰驼生活在温带沙漠，我们国家以驯养双峰驼居多。

殷周时期，我国北方少数民族经常把骆驼当作礼品送往中原。到了春秋战国时期，燕国等北方国家也开始饲养骆驼了。

汉代以后，与西域各国进行贸易的丝绸之路上，到处是成群结队的骆驼商队。南北朝时期，北魏仅官养骆驼就达百万峰，达到我国养驼史的最高峰。

宋代，中原地区养驼业进入最发达时期。但在那以后，中原养驼业逐渐退出历史舞台。

双峰驼

原始农业

中国是世界上三大农业起源中心地之一，另外两个分别是两河流域和中美洲。

中国人是"炎黄子孙"，传说中的炎帝便是中国农耕文明的始祖神农氏。

《周易·系辞下》中说："包牺氏没，神农氏作，斫（zhuó，用斧砍）木为耜（sì），揉木为耒（lěi），耒耜之利，以教天下，盖取诸《益》。"意思是说，伏羲死了以后，神农氏兴起，他砍断木头做成耜，烤弯木头做成耒，把耒、耜的利处教给天下人民，是取象于益卦。

这便是神话传说中的中国农业起源。

刀耕火种

根据考古学家推断，人们在很长的历史时期内使用一种原始的耕作方式，叫作"刀耕火种"，也叫"迁移农业"。

古人们先选择一块山林作为耕种用地，再把这片区域内所有的树砍倒烧掉，那些灰烬成为肥料，不翻土就直接把种子撒进冷却了的灰烬里。

这种耕作方式的结果是，同一块田只种一年便地力耗尽，只能废弃，因此每年都需要去找一片新林地，重复上面的步骤。

这种耕种方式产量极低，俗称"种一偏坡，收一箩箩"。通常种了好大一片地，忙活一年最终却吃不饱肚子。

提问　刀耕火种的方法除了耕地效率低，还有什么弊端？

神农氏斫木为耜

原始村落

粗放的原始农业

神话传说来源于现实。跟我国南、北方稻作和粟作相适应，耜和耒是我国南北方最古老的农具。

原始农业最早是想到哪里种到哪里，田地里作物的"造型"非常自然，产量不高。后来，人们发明了"行种植"，就像现在我们看到的那样按行按垄种植，产量才有所提高，照料田地也更加方便。

南方主要用耜翻土，就是在木柄下装个耜冠，也叫"手犁"，耜冠可以是木头做的，也可以是骨头做的，形状像现在的锹。耜翻好土之后就可以播种了。

北方主要用耒，采用点种法。耒就是根尖木棒，后来绑上一根短横木，用作脚踏。耒点出一个一个小坑，种子就播撒在小坑里面，再覆土。

那时候种田极简单，就是播种和收获，最多加一个守望，就是等待，没有其他程序。

先秦农业

　　水是农田的血液，先民挖出一条条水渠，将远处大河里的水引入农田，那些水渠，就像是农田的血管。

　　除了水渠，农田间还有田间小路交错相通，称为"阡陌（qiān mò）"。

　　水渠和阡陌把一大块900亩左右的农田分成九块面积约100亩的小块农田，就像一个九宫格。土地主人把周围8块田分给耕户耕种，叫"私田"，私田收成全部归耕户所有；中间一块是公田，由8户共耕，收入全归土地主人所有。

　　这就是形成于我国商周时期的最早的土地制度——井田制。

🌀 从盲目到规划

　　最初，古人种田没有什么规划，在一块地里随便种，所以一块地里长出的农作物各种各样。

　　后来人们发现这样种农作物产量很低，质量也不高。后来经过反复试验，人们精挑细选了一些产量高、质量高的作物，将其相对集中地种植在一块地上，土地利用率得到大幅提高，于是这种耕种办法一直延续到今天。

井田制

粗放型耕作

精耕细作

☚ 最初的土地制度改革

　　春秋时期，耕户总是逃避对公田的劳作，使很多公田荒废。而且当时由于牛耕和铁制农具的应用和普及，农业生产力水平提高，大量荒地被开垦后隐瞒在私人手中，同时贵族之间通过转让、掠夺、赏赐等途径转化的私有土地也急剧增加。

　　为解决这些问题，齐国管仲取消了耕种公田的劳役地租制，转而按土地等级差别向农民征收实物地租。

　　公元前594年，鲁国实行"初税亩"，规定不论公田、私田，一律按田亩收税。此后，楚国、郑国、晋国等也陆续实行了税亩制。

　　新的土地制度下，农民通过劳动改善经济状况的可能性大增，生产热忱也空前提高，社会生产力发展被注入强大的推动力量。

☚ 农民经济独立性加强

　　《吕氏春秋》中记载了一个故事，孔子骑马赶路，马吃了别人的庄稼，耕者奋起保护自己的庄稼，抓住孔子的马不放。这个故事说明当时耕地已呈现私有化趋势，土地成为耕者获得财富的来源，所以他们才会尽一切力量守护。

　　春秋战国时期，社会生产力的巨大发展是从铁器的使用开始的，铁制农具的产生使深耕成为可能，也提高了精耕细作的意识。与铁制农具普及并行的是牛耕的初步推广。这一时期出现的农家学派，促进了中国古代农业科学技术的迅速发展。

　　《汉书》介绍先秦农业时，把"农家"与儒家、墨家、道家、法家等一起，同列为诸子百家之一。农家著作共有9种，是我国最早的农书。

☙ 播种技术进步

　　春秋战国时期开始重视播种前的选种。《诗经·大雅·生民》讲的"种之黄茂""实方实苞"就是选种，意思是说要选择色泽光润美好和大而饱满的籽粒为种子。

　　播种方法提倡条播，就是不能想到哪儿种到哪儿，而是沿一条线翻出土沟，均匀播撒种子，秧苗也是成条成行地生长，行与行之间保持一定距离，隆起和下凹交替，农人穿梭其中劳作，也方便灌溉。同时，农家学者还提出合理密植，在株行距上要求纵横成行，保证通风透光，间苗、除草操作亦方便。

　　井灌在战国时相当普遍，而且已经从原始时期人们抱个瓮罐浇水发展到使用简单的提水机械——桔槔（jié gāo）进行灌溉。

☙ 施肥技术出现

　　《诗经》里说："荼蓼（tú liǎo）朽止，黍稷茂止。"那时的人们观察到，田间的杂草腐烂后能使作物生长茂盛。《荀子·富国》里说："多粪肥田，是农夫众庶之事也。"《韩非子·解老》里也说："积力于田畴（chóu），必且粪灌。"这些记载说明当时农田已普遍使用肥料，而且将培土肥田联系在一起。《周礼·地官·草人》中记载了"土化之法"，就是用粪肥改良土壤的方法。

田间管理技术升级

到了商、周时期，田间管理已发展成农业生产中的一个重要部分。

《诗经》里有两首诗都提到西周时已用金属制的镈（bó）来除去田间杂草。杂草会争夺土壤中的营养，及时除草对作物生长能起到良好作用。春秋战国时期进一步提出"易耨（nòu）""熟耘"，即除草要彻底，"五耕五耨，必审以尽"。

除了锄草，农人还要间苗。间苗就是把那些间距不合适的、长势不良的苗株去除。别看苗株的数量少了，但却能大大提高存活率和产量。古人说："凡禾之患，不俱生而俱死。是以先生者美米，后生者为秕（bǐ，指不饱满的种粒）。"禾苗不会全部存活，也不会同时出苗，但却要同时收获，所以要去掉密的、小的。那些先长起来的饱满的种粒叫"美米"，后生长起来所结的种子总是不饱满。

战国时还用深耕的办法来消除或减轻草害和虫害，《吕氏春秋·任地》中记载："其深殖之度，阴土必得。大草不生，又无螟蜮（míng yù）。"这里提出了深耕的标准，要露出湿润的土壤，使杂草和害虫无法生长。

嫁接和扦插

植物的繁殖有时可以不用种子。古时有个"椄（jiē）"字，意思是"嫁接"，也就是嫁接花木。《尔雅》里记载，将无核李嫁接到麦李上所得的品种叫"赤李"。

除了嫁接之外，扦插（qiān chā）也是一种不用种子培育植物的方法。人们将植物的一部分茎、叶、根、芽等剪下来，插入土中或浸泡在水中，这一部分植株自己就会慢慢生根，然后就可以栽种了。《韩非子·说林上》中记载："夫杨，横树之即生，倒树之即生，折而树之又生。"就是在说杨树横着可以生长，推倒也可以生长，折下枝条则可以长出新树来，就是能用扦插的方法繁殖，这也是我国对扦插繁殖的最早记载。

嫁接

间苗

先秦时代的农副产业也有了很大发展。古人对各种农业生物的外部形态、生理特点进行了相当深入的观察，并据此采用不同技术，以求取得最好的生产效果。

☙ 桑蚕业的起源和发展

桑蚕业是我国重要的农副产业，神话传说中首创种桑养蚕之法的是嫘（léi）祖。嫘祖是黄帝的妻子，她和炎黄二帝一起开创了灿烂的中华文明。唐代《嫘祖圣地》碑文也歌颂嫘祖"旨定农桑，法制衣裳；兴嫁娶，尚礼仪"。

春秋战国时期，古人对于桑蚕养殖有了更进一步的研究。《荀子·蚕赋》只有168个字，却对蚕的生理特征有了相当准确的概括，说蚕"夏生而恶暑，喜湿而恶雨，蛹以为母，蛾以为父"，准确反映了蚕对生长环境条件的要求。

☙ 探索作物与自然之间的规律

古人很早就观察到生物生长与阳光的关系。《诗经》里记载，周代早期人们就已经根据背阴面、朝阳面选择耕地了。

《荀子·劝学》里说："蓬生麻中，不扶而直。"说的是蓬草本来很散乱，但在麻地中生长则会直立向上，这是因为麻长得又高又快，迫使蓬草只有积极向上才能获得阳光。

古人还利用动物的趋光性，在夜晚点起火把来消灭危害粮食作物和果树的害虫等。

嫘祖养蚕

蛹以为母，蛾以为父

蓬生麻中，不扶自直

螟蛉有子，蜾蠃负之

螳螂捕蝉，异鹊在后

深入了解生物习性

《诗经》中有"螟蛉（míng líng）有子，蜾蠃（guǒ luǒ）负之"的诗句。螟蛉是一种蛾，蜾蠃就是细腰蜂，从诗句中可以看出，早在 3000 多年前，人们就已经观察到了细腰蜂有捕捉螟蛉之子喂养幼虫的习性。

《庄子·山木》中记载，有一天庄周想要捕一只异鹊，却发现这只鸟儿正准备捕食一只螳螂，而螳螂伸出臂来正在捕蝉，这就是著名的"螳螂捕蝉，异鹊在后"的故事，生动说明当时人们对生物食物链复杂关系的认知。

提问 人为什么要了解动物、保护动物？

对自然资源的保护和利用

先秦时期，古人对于自然资源设有"时禁"，即只允许在一定时间内捕猎及砍伐林木。这种"时禁"是为了保护幼小和怀孕的兽类以及尚未孵化的禽卵，反对进行斩尽杀绝和涸泽而渔式的捕猎。

古书里说："畋（tián，古时指种田或打猎）猎以时，童不夭胎，马不驰骛（wù，奔跑），土不失宜。"还有"钓而不纲，弋（yì，用带有绳子的箭射鸟）不射宿"，也有"草木荣华滋硕之时，则斧斤不入山林，不夭其生，不绝其长也；鼋鼍（yuán tuó）、鱼鳖、鳅鳝孕别之时，

罔罟（wǎng gǔ，捕捞的网）、毒药不入泽，不夭其生，不绝其长也。"说的都是保护和合理利用自然资源，不捕杀小动物，不砍伐正在开花的草木，保证野生动植物种群能够正常地生长繁衍。

子在巢中待母归

秦汉魏晋南北朝农业

　　魏晋南北朝是我国农业发展的第二阶段，同时也是北方农业精耕细作技术体系的形成和成熟期。

汉代牛耕

大范围使用牛耕

　　商代已出现牛耕，但直到战国时期都不普遍。现在出土的战国铁犁数量极少，而且粗糙、功能有限。真正具备完全功能的铁犁在西汉中期才出现，之后出土的铁制农具中，铁犁铧的数量明显增多。

　　当时使用的犁是被称作"二牛抬杠"的耦（ǒu）犁，需要用两头牛并排拉，一人扶犁，一人坐犁架，一人牵牛，需要三个人共同劳作。后来，人们优化了犁的构造，改成了活动式的犁箭（犁的纵向部件），驭牛技术也更为娴熟，便可以"二牛一人"，生产效率更高，此后铁犁农耕开始在黄河流域普及，并且逐步向全国推广。

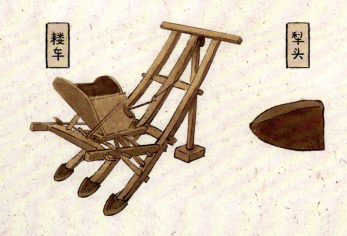

耧车　　犁头

农业器械初现

　　两汉魏晋南北朝时期，还出现了和铁犁配套使用的耢（lào）和耙（bà）。

　　耢最初只是一块长板条，后来改成用藤条或荆条编成的方形木架。使用时在上面压重物，用来碎土和平整土地。

　　牛拉耙则用来对付较大的土块，北方广泛使用的耙由两条带铁齿的木板呈"人"字形固定而成，耙过去之后，土块被弄碎，土地被平整好。

西汉出现了用来播种的"耧（lóu）车"，它的上方是装种子用的斗，下面是三条中空的、装有铁耧脚的木腿。操作时耧脚破土开沟，种子通过木腿落入土里。使用这种耧车，一人一牛便可以耕好一顷地，效率提高十几倍，比西方与之类似的条播机的出现早约1700年。

收割后，用风车（又称风谷车）可以把作物秸秆、叶子等重量轻的杂物吹走，留下重量较大的籽粒。

东汉时还出现以畜力和水力驱动的杵臼（chǔ jiù），通过击打使作物籽实脱壳。

石磨

粒食和面食

🌀 食谱的变化

秦汉时期是大一统时期，国家的安定统一使地域间的农业文化交流更加顺畅。

这时候，小米仍然是最主要的作物，水稻继续在北方一些地区推广，大豆和小麦更受欢迎，麻不再作为食物，而只是作为纺织原料存在。

据研究，大豆很可能是在我国不同地区先后培育出来的。商周时期，大豆曾作为少数民族向中原进贡的贡品存在；春秋时，齐桓公把大豆传播到中原；春秋末年到秦汉交际之时，以大豆作为主要原料的副食品先后出现，如豆豉（chǐ）、豆腐、豆芽、豆酱。

春秋以后，小麦种植面积一直呈增长趋势；汉代关中地区开始推广冬麦，南北朝时开始在江淮一带推广种植。

石磨的出现促进了小麦的推广。早期古人只会"粒食"，将麦粒直接上锅蒸熟，就像如今的米饭一样食用，这样吃口感不好。石磨发明以后，人们将小麦磨成粉，不仅味道更好，而且也更易消化，做成的各式面食品种越来越丰富。

西域引进食材

染料植物种植

"青，取之于蓝，而青于蓝。"这里说的"蓝"是蓝草。蓝草是我国历史最悠久、使用最广的染料植物，包括蓼（liǎo）蓝、菘（sōng）蓝（根可入药，即板蓝根）、木蓝等。

栀（zhī）子是秦汉以前应用最广的黄色染料，马王堆汉墓出土的黄色染织品就是栀子染的。秦汉魏晋南北朝时期，河南、湖北地区有千亩白色栀子田。

此外，当时的染料植物还有茜（qiàn）草（根可制红色染料）、地黄（根可制黄色染料）、紫草（花和根可染紫色）、红花（花可染红色）等。

不受待见的植物油

西汉张骞出使西域，西域油料作物从此传到中原，同时传回的还有西域的榨油方法。但当时人们却不习惯吃这些植物油，只用来当照明燃料，点个油灯什么的，他们更喜欢吃动物油脂。

当时古人不吃植物油，据说是因为两点：一是不习惯植物油的气味；二是用植物榨油很费力。后来宋代的时候人口大幅上涨，没有那么多动物油，这才开始吃植物油，一直延续到今天。

栀子田

割漆

上林苑

枇杷

木兰

杨梅

女贞

🌀 繁盛的物种大交换

这一时期蔬果种类有了明显增加。《齐民要术》成书于公元6世纪，记载的蔬菜有35种，其中有不少是"进口"来的。中原与西域通商，沿丝绸之路带回大量的胡瓜（黄瓜）、芫荽（yán suī，香菜）、大蒜、豇豆、豌豆等的种子。当时中原人已经可以吃到来自南方的柑橘、荔枝和龙眼了。

先秦时代，古人除了种粮食以外，还会偶尔种些树，林业从此时萌芽。战国时林业已经比较独立了，古人会在种不了粮食的山地上种竹子或树，用来获取建筑材料、果实及柴薪。秦汉交际时出现了专门从事林业经营的人，陕西北部边境那里还栽了很多榆树，称为"榆林塞"。

先秦时代，中原人对岭南植物了解不多，秦始皇统一全国后，派官员管理南越地区，让物种交换成为可能。到了汉代，林业已和五谷、六畜、桑麻并列，成为农业生产的重要项目。汉武帝时，长安上林苑里栽种了很多岭南植物，司马相如把这些都写进了《上林赋》里。

西汉王褒的《僮约》和东汉崔寔（shí）的《四民月令》也对汉代林业有所记载，当时人们除种植果树外，还种桑、柘、竹、漆、桐、梓、松、柏等许多树木。除了做家具物什、盖房子，这些林木还有很多用处。比如桑树、柘树的叶子可用来养蚕；漆树可以割取生漆，这是古代非常重要的涂料；梓木和桐木常用来做器物。由于古代家宅旁边常种植桑树和梓树，"桑梓"一词就被用来指代故乡。

❦ 既是战场又是市场的农牧分割线

　　长城不仅是中国古代的军事防御工程，也是我们国家农耕区和游牧区的分割线。这个分割线不是哪个人定的，也不是随机的，历史学家研究发现，长城走向与东亚大陆"十五英寸等雨线"（381毫米等降水线）的一部分恰好吻合。这是一条清晰的自然分界线，它的东南边平均每年至少有381毫米的降水，作物茂盛，人口繁多，是农耕区；这条线的西北边雨量少，气候寒冷，不适合发展农耕，只能以放牧为生，是游牧区。

　　游牧区自然环境艰苦，人们靠游牧无法保证总能吃饱肚子，每次遇到生存困境就会向传统农耕区进攻。游牧民族与农耕民族的战争贯穿了我国整个古代。

　　虽然时不时爆发战争，但农耕和游牧却是相互依存的关系。游牧民族需要农耕区生产出来的粮食和茶叶，农耕区人们需要游牧区的大型牲畜满足生产需求。因此，在没有战争的年代，长城附近商贸十分兴盛。

　　鲜卑拓拔部原本是北方游牧部族，进入中原后建立了北魏（386—534年），北魏孝文帝按中原农耕文化进行一系列改革，实行有名的均田制，和农耕文明互相借鉴学习。而且北魏统治者和中原汉族一样，也在381毫米等降水线附近筑起长城，抵御原来同属游牧民族的其他部族。

边境贸易

坞壁

中原地区的畜牧业

从战国开始，直到魏晋南北朝，中原畜牧业主要有三种：一是官营畜牧，主要供应军马，也养些牛、骆驼作为运输工具；二是牧主经营畜牧，往往拥有很大规模的畜群，有些私人牧主专门从事商业畜牧经营；三是个体农户养殖，规模不大，但几乎每个农家都会养些牲畜。

园圃业

《说文解字》里说："种菜曰圃。"人们在菜园里种菜，菜园就叫"圃"。据记载，汉代的蔬菜有21种，包括葵（冬葵菜）、韭、瓜、瓠（hù）、芜青（块根可以吃）、芥、大葱、小蒜、紫苏等，后来，有记载的蔬菜品种增加到35种，增加了茄子、姜以及藕、芡、菱等水生蔬菜。

魏晋三国时的坞壁农业

魏晋南北朝时期，战争频繁，人们为了自保避乱、防御外敌，修建了坚固的城堡，称为"坞壁"，又称"坞堡"，像一个缩小的城池。

在一些大的坞壁内，除了耕种，还有多种项目，比如养殖牛马、种植药材、养蚕纺纱，争取最大限度的自给自足，一旦遇到战事，坞壁便能够凭借自身供给据险自保。坞民在坞壁内，有条件拒绝向国家交税，也不承担国家各种徭役，专心从事生产。西晋郭默的怀城坞壁每年能收米粟八十万斛（hú，古代容积单位，宋以前一斛为十斗，宋以后一斛为五斗）。

当坞壁内部人口增长，原有土地不足以支撑时，坞主就会带领坞民占据新的土地，扩大范围，开荒种地。

秦汉魏晋南北朝时期农业科技得到很大发展，如《汉书·食货志》里记载的"代田法"：在地里开沟作垄，沟垄相间，沟里种作物，中耕除草时将垄上土逐次推到沟里培育作物，第二年，原来的沟填成垄，垄辟成沟，沟垄互换。这种方法有利于保持地力，抗御风、旱，比在平地上耕作一年一亩收成多一斛以上，好的时节能翻倍。

这一时期诞生了大量的农书和农业相关文献，如《南方草木状》《竹书》《蚕书》《蚕经》《花木记》等，此外还有很多相畜类和畜牧类著作。这个时期农书以《氾（fán）胜之书》《齐民要术》和《四民月令》等最为著名。

代田法

《氾胜之书》：发展农业生产就是忠国爱民

氾胜之是西汉末年山东人，历史对他记载很少，只知他当过官，曾在长安地区指导过农业生产。他编著的《氾胜之书》总结了我国古代黄河流域的农业生产经验，记述了耕作原则和作物栽培技术，对促进农业生产发展影响巨大。

氾胜之把粮食布帛看作国计民生命脉，把推广先进农业科学技术作为发展农业生产的重要途径。当时有一名卫尉因为之前提出养蚕方法，后来又提出农耕方法，被他盛赞"忠国爱民"。

氾胜之

提问

为什么发展农业就是忠国爱民？当代社会有这样的人吗？举例说说。

贾思勰

《齐民要术》：最早的"农业百科全书"

北魏贾思勰（xié）所写的《齐民要术》堪称我国最早的"农业百科全书"。

书中主要讨论的是北方旱地农业，对南方热带作物也做了详细介绍。记载了粮食、油料、纤维、染料、饲料作物、蔬菜、果树以及竹木的种植等，此外还有蚕桑业、畜牧业、养殖业及农副产品的加工，甚至包括食材做法等。书中记载的一整套农业技术，标志着我国北方旱地耕作的成熟，此后一千多年的农业发展始终没有超过这本书中的内容，其中很多科学道理放到现在仍然行之有效。

东汉崔寔

《四民月令》：穿越到东汉看古人咋过日子

《四民月令》写的是东汉晚期一个拥有相当数量田产的世族地主崔寔的庄园里，一年十二个月的家庭事务安排。

"四民"指士农工商，"月令"最早见于《礼记》，是上古一种文章体裁，记述每个月应从事的各种活动，所以这是一本指导四民每个月应进行的生活、生产活动的指导手册。这些活动，不仅包括农业，还有林业、渔业、手工业、酿造业，更涉及教育、祭祀、守御、医药卫生等方面，是东汉时期普通百姓鲜活的生活场景记录。

王充

其他著作中记载的农业活动

当时其他著作中也不乏对农牧业的记载，如西汉刘安的《淮南子》和东汉王充的《论衡》等。

王充在其《论衡·变动篇》中记载了如何通过观察小生物活动，推测自然环境即将发生的变化，如雨天蚂蚁会迁徙、蚯蚓会从土里钻出来等等。

隋唐宋元农业

隋唐至元朝，我国传统农业在更大范围内蓬勃发展。

这一阶段，南方经济迅速发展，最终超过北方，完成了我国经济中心的南移。

迅速发展的南方农业

早在汉魏时期，岭南和四川已出现水稻插秧技术。

东汉末年北方战乱频仍，人们为了生存，进入充满瘴疠（zhàng lì）的南方，使南方得到进一步的开发。

南朝时，南方谷物种植得当一年可收获好几次。

隋唐时期的统一使江南人口增多，农田水利也得到迅速发展。唐初江南稻米已可通过新开凿的大运河运到洛阳。

到了北宋，南方人口已经占到当时全国人口总数的将近70%。

传统农具"大爆发"

唐宋时期是我国传统农具发展的又一个辉煌时期。

这一时期，原本应用于武器的"灌钢"等制作方法应用在农业领域，原来小型铸铁农具被厚重的钢刃熟铁农具代替。

农具种类更多，分工更细致，形成了一套很细致的"一条龙"农耕设备。还较为集中地改造和创新了一批农具，比之前性能更优良，其中比较有代表性的是"曲辕犁"。

唐朝改装发明的曲辕犁只需一头牛拉，犁地更灵活，能满足每个个体农户在自家面积较小的农田耕种的需求。

宋代时，在晋代就发明出来的耙传遍江南。

元朝时，用于水田除草的耘荡被发明出来，自此我国农业形成流水线式的"器械化"生产。

曲辕犁

桔槔

土地不够怎么办？

人们需要的粮食越来越多，土地不够了怎么办？围湖造田是南方水乡最重要的办法之一。宋朝时，南方有将近1500块湖田，每块都大得像一座城池。

另外一种是梯田，最初在云南一带。梯田是在坡地上一级级挖出平面，修好存水的小坝，再种植作物。梯田的记载最早见于唐代。

"全自动"灌溉工具

最早人们浇灌农田只能抱着水罐去打水，效率极其低下。春秋时期出现了利用杠杆原理从井里打水的桔槔。《说苑》里记载郑国大夫邓析经过卫国，看见五位农夫用水罐打水浇田，每天只能灌溉一块地。邓析便教农夫们使用桔槔，效率大大提高，每天可以灌溉一百块地。

真正能满足大规模农田灌溉需要的，是东汉末年发明的"翻车"。

翻车又名龙骨水车，最初是用来给土路洒水防尘的，三国时的马钧改装了翻车，应用于农田灌溉。唐代出现畜力翻车，宋元出现水力翻车。水力翻车效率极高，是古代使用十分广泛的农业灌溉机械。

筒车就是我们现在看到的水车，在河边用竹木做成一个大型立轮，用横轴架起，沿轮安装数量不等的木桶或者竹筒，通过水流传动，实现"全自动"灌溉。

翻车

筒车

佃农

在隋唐时期当官，朝廷会赐给官员依照其品级不同而多少不等的"职分田"（不可买卖），唐代勋贵与各级官吏还拥有可世袭、买卖的"永业田"。少地、无地农民只能以租佃（diàn，向地主租土地来种）为生，佃农比自耕农（自己有地自己耕）穷，是农民中的贫困阶层。

唐初诗人王梵（fàn）志的诗《贫穷田舍汉》里说："妇即客舂（chōng）捣，夫即客扶犁。黄昏到家里，无米复无柴。男女空饿肚，状似一食斋。里正追庸调，村头共相催。幞（fú）头巾子露，衫破肚皮开。体上无裈袴（kūn kù，裤子），足下复无鞋。""客"就是佃户，这首诗写的就是一对佃户夫妻俩的贫苦生活。

🦑 水稻变成主食

水稻从原始社会开始便在南方种植。宋代，长江中下游是最大的水稻产区，稻田面积大、产量高，水稻开始在全国范围内取代小麦，成为主食。

水稻种植

黄道婆

🦑 人们用什么做衣服？

棉花种植在唐宋时的福建地区已经比较普遍。

元代松江乌泥泾（今上海徐汇区）有个叫"黄道婆"的人，从海南带回黎族棉纺织技术并加以改进，使长江三角洲地区成为当时的棉纺织业中心。元末，棉布取代丝麻，成为最主要的衣被原料。

甘蔗

农田里的其他作物

油料作物：

传统的粮食作物大豆也被用来榨油，同时，芝麻、油菜更是重要的油料作物。芝麻本来叫"胡麻"，后来为避讳改叫"芝麻"，同时它也被称为"脂麻""油麻"，可见芝麻油料作物的属性。油菜之名最早见于宋代，虽然种植得晚，但比传统油料作物芝麻更易种，产量又高又耐寒，很快在南方发展起来，是唯一的冬季油料作物。

糖料作物：

早先人们用粮食制作麦芽糖，粮食不足的时候，糖产品也就不足，而且麦芽糖不容易给其他食材调味；糖的另一个来源是蜂蜜，除了这两样，人们几乎没有别的获取甜味的来源。唐以前岭南先民很早开始种甘蔗，汉代出现甘蔗制糖技术，但产量和质量都不高。到了唐代，唐太宗专门派人去摩揭陀国（古代中印度王国，古印度四大国之一）学习制糖，回国后加以改进，我国蔗糖质量才获得极大提高。制糖业迅速发展，促进了甘蔗的广泛种植，当时南方有相当规模的产糖区，并出现专门制糖的"糖霜户"。

饮料作物：

唐宋时期，茶叶已在民间广泛种植。边疆地带出现以良种马换取中原茶叶的"茶马贸易"。

卖油翁的故事

欧阳修写了篇有趣的故事叫《卖油翁》，陈康肃公射箭技术高超，却被一个卖油翁评价说"没啥特别的，只是手熟而已"，说完老翁用铜钱盖住一个葫芦口，用勺往里倒油，油自钱孔落入葫芦，而铜钱却一点儿都没湿，他对自己的评价也是"没啥特别的，只是手熟而已"。

卖油翁

这个故事出现在宋代，在此之前，古代人们可能一直食用动物油脂，都是一块一块的，只有液体状的芝麻油、菜籽油，才会让卖油翁每日用勺倾倒。

青鱼　草鱼　白鲢鱼　鳙鱼　金鲫鱼

其他农副业

古时人们一直以养殖鲤鱼为主，后来到了唐朝，因为皇帝一家姓李，鲤鱼成了需要避讳的物种，禁止饲养、买卖、食用，青、草、鲢、鳙四大家鱼的养殖反而得到促进。

唐代出现了最早的观赏鱼养殖记载，将野生鲫鱼培育成美丽的观赏金鱼。

除了鱼类，还有贝类的繁育。宋代人们就挑选大蛤蜊，用养珠法培育大珍珠。人们还会在水中规划范围培育牡蛎，不但可以食用、贩卖，还可以加固堤坝。

治理蝗灾

蝗灾

蝗虫是农业大敌，蝗灾一来，铺天盖地，庄稼颗粒无收。唐以前的人受迷信影响，遇蝗祭拜，眼看蝗虫啃食庄稼而不敢捕捉。唐开元四年，山东发生蝗灾，丞相姚崇派出捕蝗使督促各地灭蝗，很多官员反对，皇帝也犹豫不定，最后在姚崇的坚持下，蝗灾被有效治理，没造成大面积饥荒。

宋代治蝗做得更好，那时出台了专门的治蝗法规。宋仁宗让老百姓掘蝗虫卵，一升蝗虫卵能换五斗菽米或二十钱，这是治蝗措施上的重要进步。

大运河与南粮北调

水稻之所以成为主食，主要是因为隋代大运河的开通。我国北方水稻种植规模远小于南方。大运河开通后，满载粮食的船队源源不断地将南方的水稻运到北方，所以宋代有了"苏常熟，天下足"的谚语。

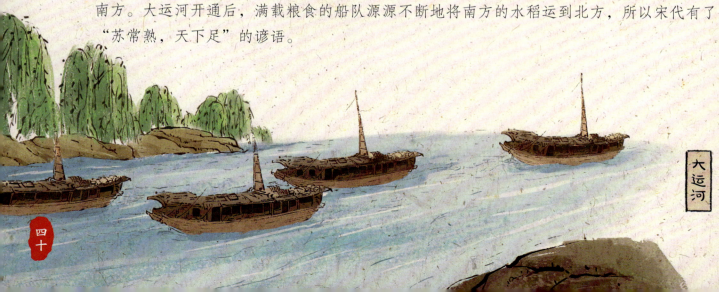

大运河

王祯视察农田

🍂 印刷术的发展与农书出版

印刷术是文明之母，为世界文化发展做出了重要贡献。隋朝诞生了雕版印刷，宋仁宗时代发明了活字印刷，印刷术实现两次重大飞跃。这为农书出版提供了极为便利的条件。

从春秋战国到唐代以前近1400年里的农书总计有30多种，而隋唐宋元近800年的时间里，共有农书170余种。特别是宋元时期，农书数量空前增加，仅《宋史·艺文志》中就记载了农书107部，423卷（篇）。这其中除了《夏小正戴氏传》《月令章句》《齐民要术》等四五部隋以前的农书外，大多数都是在唐宋以后出现的，重要农书包括唐末五代的《四时纂要》、南宋《陈旉（fū）农书》等。

元代统治时间虽短，却诞生了大量农书，光大型的农书就有《农桑辑要》《王祯农书》和《农桑衣食撮（cuō）要》三部，在中国农学史上极为罕见。

这一时期专业性农书得到极大发展。茶叶类农书有《茶经》《北苑茶录》等14种，出现了陆羽、皎然、朱放等论茶名家。花卉类书籍包括欧阳修的《洛阳牡丹记》《芍药谱》《菊谱》等。此外还有果树类、蔬菜类、农具类、畜牧兽医类、气象类、桑蚕类、救荒类、综合类等多个领域细分的专业农书。

🍂 新农业物种引进

有很多我们现在耳熟能详的蔬菜水果，都是在这一时期进入中国的。比如菠菜，在唐太宗时从尼泊尔作为贡品传入，西瓜在五代时期传入，马奶葡萄在唐初传入。

新食材

明清农业

　　明代人口总数稳定，明初有近六千万人，明末也不过五千多万人，但到了清中期，人口呈爆炸性增长，清乾隆五十一年至五十六年（1786—1791），人口达到二亿九千六百多万人，清道光二十年至三十年（1840—1850），人口已达到四亿两千多万人。人口的爆炸性增长导致耕地紧缺，人们除尽量开拓新耕地外，还想尽办法充分利用土地，提高粮食产量。这个时期中国土地综合利用水平达到了古代农业最高峰。

❡ 为什么粮食不够吃？

　　古代农民交税通常是直接交粮。每家每户的人口多了，税收当然也就多了。可是，清中期人口太多了，人均耕地缩减到一亩七分，粮食本来就不够吃，还要交很多税，粮食供给几乎到了崩溃的边缘，动不动就闹粮荒。

❡ 粮食短缺怎么办？

　　古人想出三个办法多打粮：一是扩张耕地面积，二是引进和推广新农作物，三是依靠精耕细作，进一步提高土地利用率和产量。

提问 假如你是皇帝，你有什么办法能让老百姓吃饱饭？

❡ 上边疆种田去

　　土地不够，人们开始利用湖畔滩涂，最著名的是洞庭湖湖区，因水生动植物尸体提供了足够养分，洞庭湖区成为新的主要粮产地和粮仓，以至于有"湖广熟，天下足"的民谚。

　　有些农民前往深山开垦荒地，只能住在简陋的茅棚中，叫作"棚民"。

　　明清时大批农民越过长城，进入内蒙古和东北地区，在当地牧区和半牧区开垦农田，这就是著名的"走西口"和"闯关东"。此外，这一时期新疆、西南地区、海南岛和台湾也有大规模开垦活动。

闯关东

饼肥

土豆成为赈济粮

🌀 餐桌上的外来客

明代，原产美洲的玉米、甘薯（红薯）和马铃薯传入我国，因为单位产量高，很快成为中国人餐桌上常见的食物，直至现在。

玉米刚传入时很稀罕，被当作贡品献给皇帝，所以称为"御麦"，后讹传为玉米。玉米对土壤要求低，种植容易，清代时取代小米成为重要的粮食作物。

明万历年间，菲律宾和越南华侨突破重重阻挠将甘薯种子带到中国，正赶上福建台风，作物绝收，甘薯被当作应急粮广泛种植，救了很多人命。从清中叶开始，甘薯传播到北方。

马铃薯又叫洋芋、土豆，大约在明末清初传入中国，传入路线有两条，一条通过南部沿海，一条通过俄罗斯。马铃薯"疗饥救荒，贫民之储"，和甘薯一样成为灾民重要的救济粮、流民的应急食物，让许多贫苦百姓不至于饿死。

🌀 被迫提高的农业技术

耕地如果反复不断地被使用，肥力就会下降，这就需要人工施肥来提高土壤肥力。明清时期人们使用的肥料从自然肥、农家肥转为"饼肥"。饼肥体积小，重量轻，肥力更高，运输方便，在北方得到广泛使用，甚至普及到关内和江南。同时，人们也意识到养猪积肥的好处，一边养猪，一边积肥，多肥多得的集约化农业得到发展。

为了提高产量，人们不断开动脑筋。明清农业专家们发明了特重大犁（适合于大规模农田耕种）和提高土地利用率的套耕法。同时更加重视防治虫害，对农田的栽培管理也更精细。

明清时适宜个体农户使用的小型农具也得到了发展，出现了手摇小型抽水机"拔车"和适应丘陵地区修整耕地用的塍（chéng）铲等。明代一些多风地区还曾短暂出现风力水车。

矛盾的是，因为许多地区人均耕地减少，一些大型高效的农具在这些地方反而变得罕见，甚至出现了退回人力耕地的情况。土地条件的限制也阻碍了农业技术的发展。

ⅇ 农书创作的繁荣

明清是我国农书成果最丰富的时期，流传至今的明清农书占到历史上农书总数的一半还多。这些农书内容丰富、形式多样，很多是高水平佳作。

素有我国古代农业百科全书之称的《农政全书》，是明代科学家徐光启撰（zhuàn）写的长篇巨著，所载内容比之前的农书拓宽了很多，补充了屯垦、水利及赈灾等多方面内容，还总结了棉花和甘薯种植方面的先进经验。

明代另一位科学家宋应星的《天工开物》，是一部系统讲述古代农业和手工业生产技术的科技著作，其中除《乃粒》《乃服》等篇专讲耕作、蚕桑外，其余部分也多与农业生产和加工技艺有关。

腰机

比如他详细记述的"腰机"，代表了同时期织布技术的最高水平。

这一时期影响力比较大的农书还有《授时通考》《便民图纂》《水云录》《沈氏农书》《补农书》《梭山农谱》《农桑经》等多部。

都江堰

烧石开山

🌀 对水利的开发、整治和修缮

明清两朝的都城都在北京，大量漕粮需要从江南出发，由京杭运河运到北方。所以政府对治理黄河及糟粮运道的管理工作十分重视。黄河经常决口成灾，祸及两岸人民，影响农业生产。先后有人提出治水与治田相结合，把黄河秋涝洪水分散于沟渠，将改造荒地与消除洪灾结合起来的办法。听起来非常聪明，就是工程量太大了。呼声更高的是发展京畿（jī，国都附近的地区）水利工程和农田种植，从需求角度扭转南粮北运的方略。虽然这些建议并没有得到实现，但可谓是关系国计民生的重要探讨。

都江堰（yàn）是我国最著名的水利工程之一，经过千百年的无数次建设和完善，才成了今天的样子。它主要由鱼嘴分水堤、飞沙堰、宝瓶口等多个水利工程共同组成。

四川各族人民开始修建都江堰的时间很早，他们的最初目的就是通过都江堰来治理都江水患。都江就是岷（mín）江，是四川境内长江支流中水量最大的一条河流。都江地势多变，落差大，水流湍急，很容易爆发水灾。春秋末年蜀国人民就开始治水。蜀地多山，那时人们开凿河道没有大型机械，总不能用手来凿吧。聪明的劳动人民想到了一个好办法——先用猛火把石头烤得通红，然后快速泼上凉水。石头会因为温度骤降而爆裂，人们再一点点扩大裂缝。就是使用这样的方法，先民们以蚂蚁啃骨头的精神打通了玉垒山，修建了宝瓶口，缓解了都江水患。

战国时，秦国蜀郡太守李冰主持修建了都江堰的主体建筑——都江大堰，还开凿了三条水道。为纪念李冰，人们把用来测定水位的石人做成李冰像，成为我国历史上最早的水位标尺。

都江堰鱼嘴分水堤处于工程最上游，最易被冲垮，元朝吉当普和明朝施千祥曾分别铸就重达几万斤的铁龟和铁牛投水分流，两次修缮都用了几十年时间。晚清时期，时任四川总督的丁宝桢决心把都江堰工程修建成永久工程，一劳永逸地解决水患。他将堤岸材料全部换成条石，条石之间用铁锭闩住，同时还修建白马槽、平水槽等导水、泄水工程，一边加固，一边疏浚被淤塞的河道，这些工程使得当地躲过了一次次重大水患。

千秋水利

　　都江堰是我国最著名的水利工程之一，凝聚着古代劳动人民的勤劳和智慧，并且至今仍一直在使用。除了都江堰，我国古代还有许多重要的水利工程。

　　我国古代水利工程的建设按规模和技术特点大致可分三个阶段：其一是大禹治水至秦汉时期，这是防洪治河、灌排工程建立和兴盛的时期；其二是三国至唐宋时期，这是传统水利高度发展时期；其三是元明清时期，这是水利工程建设普及时期。

西门豹治邺

　　如今的河南河北交界处，有十二条灌溉农田用的水渠，都以漳水为源，统称"漳水十二渠"。这是我国最早的大型水渠系统，是由战国初期担任邺（yè）令的西门豹带人修建的。

　　当时漳水常常泛滥成灾，人们迷信，认为是漳水河神脾气不好，于是在巫婆挑唆下，每年都以"给河神娶妻"为由，选一个年轻貌美的女子沉江。祭河神原本是一种古老的祭祀活动，但用活人献祭毫无人道，是一种恶习。而那些主持

西门豹治邺

祭祀的巫师、当地的长老不但在当地权力很大，还会以敬献河神为名贪污钱财，以至当地的人们要么逃走，要么饱受迫害、贫苦无依。西门豹想繁荣邺县就得先治水，想治水就得先破除当地迷信，扭转人们畏惧河神的心理，拯救无辜的性命。

这一次的祭祀当天，西门豹来到河边，说那位选好的女子不漂亮，不应该献上她，还请巫婆亲自去问问河神想要什么样的女子，说着便命人将巫婆投到河中。巫婆沉到河里之后，西门豹又让巫婆的弟子们去河里找巫婆，一个一个全给扔到河里去了，那些支持迷信的长老吓得叩头不止，谁也不敢再提给河神娶亲的事了。

西门豹接着就征召百姓治水，人们开挖了十二条水渠，不但疏浚了漳河，还把河水引来灌溉农田，不但水患消失了，田地也变得肥沃，当地粮食产量比原来提高了七倍。

大约二百年后，西汉朝廷要在邺县境内修路，这样势必会破坏十二渠。当地人极力反对，因为十二渠是西门豹修建的，他名满天下，泽被（pī）后世，人们遵从他的治理，不愿违背他的精神，官吏们只好作罢。

除了都江堰和漳水十二渠，我国古代还诞生了很多大型水利工程精品，比如陕西的郑国渠、白渠、六辅渠和龙首渠。

水利学的诞生

"水利"一词最早见于战国末期的《吕氏春秋》，原文"取水利"指捕鱼之利。

西汉司马迁《史记·河渠书》中首先赋予了"水利"一词专业含义，此后，人们把从事这一工作的专门人才称作"水工"，主管官员称作"水官"。水利学作为与国计民生密切相关的科学技术学科由此诞生。

那些用于防洪和航运的水利工程

除农业灌溉外，兴修水利还有防洪、航运等作用。

防洪方面，很多著名案例都是治理黄河水患的，比如上古时期的大禹治水、西汉汉武帝主持的瓠（hù）子堵口和东汉初年的王景治河等，在人们一次又一次的防洪治水实践中，黄河泛滥的次数显著减少。

航运方面，有春秋末年吴王夫差为与中原争霸开通的邗（hán）沟（淮扬运河），沟通了长江和淮河；魏国魏惠王修建的鸿沟，沟通了黄河和淮河；秦始皇二十八年（前219年）修建的灵渠，沟通了湘江的源头海洋河与漓江的源头大溶江，是我国最早的沟通南北（华南和华中地区）的运河。

 西门豹的官并不大，为什么会得到百姓长久的爱戴？